VOLUME 80

LE MOMENT INAUGURAL DE L'UNIVERS

SECONDE EDITION

Carlos L Partidas

Numéro du dépôt légal: MI2022000615

ISBN: 979 8367 9374 59

DEDICATION

À LA MÉMOIRE DU PHYSICIEN ET MATHÉMATICIEN BRITANNIQUE PAUL ADRIEN MAURICE DIRAC. PAUL DIRAC A PRÉDIT MATHÉMATIQUEMENT LA FORMATION D'UN MONOPOLE MAGNÉTIQUE. LE MONOPOLE MAGNÉTIQUE S'EST FORMÉ AU MOMENT INAUGURAL DU GRAND UNIVERS

TABLE DES MATIÈRES

RECONNAISSANCE

AUX THÉORIES DE LA RELATIVITÉ ET DU BIG BANG D'ALBERT EINSTEIN ET DE GEORGES HENRY JOSEPH ÉDOUARD LEMAÎTRE. LES THÉORIES DE LA RELATIVITÉ ET DU BIG BANG ATTEIGNENT LEUR POINT FINAL, LORSQUE NOUS ANALYSONS QUE LA MATIÈRE ÉLECTRONIQUE ET LA MASSE MAGNÉTIQUE DE L'UNIVERS ONT ÉTÉ FORMÉES PAR LE MOUVEMENT D'UN ALMATRINO. DU POINT DE VUE DE LA RELATIVITÉ, TOUT DANS L'UNIVERS EST ABSOLU. ET DU POINT DE VUE DE LA THÉORIE DU BIG BANG, IL SERA IMPOSSIBLE POUR L'UNIVERS DE REVENIR À SON POINT INITIAL ; PUISQUE, NOUS AURONS BESOIN DE PLUS D'ÉNERGIE POUR RAMENER L'UNIVERS À PARTIR DU NÉANT

Chapitre 1

SCIENCE ET RELIGION DANS L'HISTOIRE

Les religieux fondent leur croyance dévote sur ce que l'imagination philosophique établit ; c'est ce qui a conduit à la coutume d'une mythologie que la plupart des êtres humains comprennent. La pensée philosophique est plus facile à saisir ou à comprendre que l'analyse scientifique. Cependant, l'analyse scientifique est plus logique qu'une hypothèse philosophique. L'analyse philosophique génère une culture dévote qui se répand rapidement par une croyance basée sur la foi en quelque chose qui ne peut être vu physiquement. Ainsi, le concept mystique de Dieu s'est incrusté chez les personnes religieuses qui ne cherchent pas à savoir à quoi ressemble le raisonnement de la connaissance scientifique. Cela génère une idée mystique chez le dévot qui la transmet au reste des êtres humains ; par exemple, un enfant né dans une famille pieuse fonde sa croyance davantage sur ce que lui disent ses parents que sur ce qu'établit le raisonnement scientifique. En effet, pour analyser un phénomène de manière philosophique, aucune préparation scientifique n'est nécessaire. Alors que le raisonnement par la connaissance scientifique nécessite l'évolution de l'esprit ; et, en fin de compte, la connaissance scientifique est plus facile à comprendre que la connaissance philosophique ; car, la connaissance scientifique est basée sur une explication logique des événements conduisant à la raison pour laquelle le grand Univers s'est formé. L'analyse scientifique sera plus facile à comprendre car la pensée scientifique est basée sur la logique et l'expérimentation.

On a demandé un jour à Paul Dirac quelle était la différence entre écrire un argument scientifique et écrire de la poésie. Ce à quoi Paul Dirac a répondu : "...en science, vous devez expliquer quelque chose que les gens ne savent pas, alors que lorsque vous écrivez de la poésie, tout le monde le comprend".

Ou le cas de Charly Chaplin lorsqu'il a rencontré Albert Einstein et qu'Albert Einstein a dit à Charly Chaplin : "...Je voulais vous rencontrer, parce que dans vos films vous ne dites rien, mais tout le monde vous comprend". Et Charly Chaplin lui a dit : "...et moi je voulais vous rencontrer, parce que personne ne vous comprend, même si vous dites beaucoup de choses".

C'est pourquoi les livres du genre fiction sont plus largement diffusés que les livres qui génèrent des connaissances scientifiques. La lecture d'un livre scientifique est plus difficile à comprendre, mais une fois que l'argument scientifique est compris, il génère une passion pour le désir d'apprendre, c'est-à-dire pour la connaissance de ce qui est logique. En revanche, un livre fantastique est basé sur l'attente. Lorsque la plupart des gens lisent un livre scientifique, cela ne représente pas une attente mais un ennui. Un livre écrit de manière philosophique contient une attente, c'est-à-dire un argument mystique qui génère un mystère, ce qui permet aux lecteurs de comprendre plus facilement et d'adapter leur façon de penser à la croyance d'une philosophie. C'est ce qui a conduit à l'existence de nombreuses religions, alors que la science exacte a un argument unique par la démonstration de la théorie. Il faudra donc plus de temps pour changer la façon de penser de l'homme, mais la raison scientifique a des arguments plus solides qu'une hypothèse philosophique. La connaissance scientifique doit surmonter l'attente d'une fantaisie.

Ces livres sont pointés du doigt de manière négative, mais sans aucun argument scientifique par les religieux, car ces livres ne sont pas conformes à la pensée religieuse. Cependant, nous devrions laisser aux lecteurs le soin de décider librement de leur façon de penser, car la pensée peut être religieuse ou scientifique, mais chacune doit avoir ses arguments.

Pour penser, il suffit de faire preuve de discernement, c'est-à-dire de raisonner. Mais le raisonnement a deux faces : la face scientifique et la face religieuse. Ainsi, la pensée ne peut pas être dirigée uniquement par la voie religieuse ou scientifique, puisque nous avons tous besoin d'appliquer une logique scientifique ou religieuse.

La logique scientifique n'est fournie que par la connaissance et l'expérience. La pensée philosophique est produite parce qu'il n'y a pas de preuve expérimentale pour soutenir ce que l'on pense.

L'idée de la science expérimentale découle de l'analyse du scientifique britannique Francis Bacon. Francis Bacon s'est confronté aux idées philosophiques d'Aristote, car les idées philosophiques d'Aristote ne contiennent pas d'argument scientifique pouvant être démontré par l'expérience. Nous pourrions dire que la science expérimentale commence avec les idées scientifiques du Britannique Francis Bacon.

De même, nous pouvons dire que la doctrine de la pensée religieuse commence avec les idées philosophiques du penseur grec Claude Ptolémée. Claudius Ptolemy considérait philosophiquement que le centre de l'Univers était la Terre, jusqu'à ce que le mathématicien Aristarque de Samos soit capable de calculer mathématiquement la taille du Soleil. Aristarque a calculé de manière plus scientifique que le Soleil était 20 fois plus grand que la Terre. Cette théorie d'Aristarque est une équation mathématique dont le résultat ne peut être prouvé expérimentalement, mais elle peut être acceptée de manière scientifique, car le calcul a été effectué de manière analytique en utilisant un outil scientifique, représenté dans ce cas par les mathématiques. Mais, ensuite, les philosophes se sont emparés des mathématiques pour donner aux pensées philosophiques un aspect plus scientifique, bien que sans aucune logique.

Logiquement, un corps plus grand ne peut pas tourner autour d'un corps plus petit. Avec une plus grande précision mathématique, on sait maintenant que le Soleil est 1 330 000 fois plus grand que la Terre. Le Soleil continue de croître depuis son point de départ. Mais le Soleil n'est pas apparu soudainement au firmament par la prononciation de quelques mots magiques recherchés par un argument philosophique.

Le processus de croissance de l'Univers à partir de son moment inaugural se poursuit depuis 13,8 milliards d'années ; mais cette croissance de l'Univers ne peut être arrêtée.

Ce que nous pouvons qualifier de perfection aujourd'hui est dû à l'adaptation de l'arrangement des charges électroniques dans le temps qui s'est écoulé. Mais nous avons l'impression que c'est quelqu'un de parfait qui a créé cette perfection. L'agencement des charges électroniques est parfait, car il s'agit d'un agencement logique, basé sur un ajustement que les charges électroniques effectuent. Ces arrangements des charges électroniques de la matière électronique se sont produits et continueront à se produire dans l'Univers, mais nous ne serons pas en mesure de voir ces adaptations des charges électroniques dans le court laps de temps de notre vie physique sur Terre. De plus, ces arrangements de charges électroniques se produisent à une très petite échelle, de sorte que nous devrions observer pendant toute une vie avec un microscope pour être en mesure de voir ces changements se produire dans la matière électronique.

Par exemple, le corps physique des êtres vivants à ce moment de l'existence nous apparaît comme une perfection. Il semble que ce soit quelqu'un qui ait créé cette perfection ; cependant, le corps physique est une adaptation qui dure depuis des millions d'années. La perfection du corps physique est le résultat d'un nombre infini de mutations effectuées par les charges électroniques, c'est-à-dire l'arrangement fonctionnel des différences de charges électroniques qui sont disposées dans l'espace entre les noyaux et les électrons.

La différence de taille entre le Soleil et la Terre a donné naissance à l'idée de l'héliocentrisme, car à cette époque, le Soleil était connu sous le nom du dieu Hélios dans la mythologie générée par les philosophes grecs.

L'idée raisonnée de l'héliocentrisme a été reprise de manière plus scientifique par l'astronome polonais Nicolaus Copernic. L'idée de l'héliocentrisme est considérée comme l'une des premières théories de l'histoire des sciences. Cependant, l'idée de géocentrisme de Claude Ptolémée avait déjà pris racine dans la doctrine de l'Église catholique, puisque le livre de Nicolas Copernic était inclus dans l'index librorum prohibitorum. En d'autres termes, le livre de Nicolas Copernic qui contenait l'idée de l'héliocentrisme figurait sur la liste des publications dont l'Église catholique considérait la lecture comme un sacrilège.

Ainsi, la lecture du livre de Nicolas Copernic par les fidèles qui cherchaient une explication plus scientifique de la formation de l'Univers, pour la minorité des hauts responsables de l'Église catholique qui dirigeaient un grand nombre de fidèles, ce livre représentait une immoralité qui affectait la culture de la foi catholique. Par conséquent, la lecture des livres de cette liste était interdite aux fidèles du catholicisme. Apparemment, seuls les fidèles qui tentaient de lire les livres de cette liste d'hérétiques étaient pénalisés par l'excommunication.

La liste des livres interdits par l'Église catholique a été promulguée à la demande du concile de Trente par le pape Pie IV le 24 mars 1564. Mais le pape Paul VI a commencé à réformer le mode d'action de l'Église catholique ; par conséquent, le pape Paul VI a supprimé la publication des éditions suivantes des livres interdits par l'Église catholique. Peut-être était-ce parce que le pape Paul VI considérait qu'il s'agissait d'une liste absurde.

Le 4 novembre 1992, le pape Jean-Paul II a déclaré ce qui suit : "...l'erreur des théologiens de l'époque, lorsqu'ils ont maintenu la centralité de la Terre, a été de penser que notre compréhension de la structure du monde physique était en quelque sorte imposée par le sens littéral de la Sainte Écriture".

En janvier 2008, des étudiants et des professeurs ont protesté contre la visite du pape Benoît XVI à l'université La Sapienza, en écrivant dans une lettre que les opinions exprimées par le pape Benoît XVI offensaient la mémoire du grand scientifique italien Galileo Galilei. La lettre se lit comme suit : "...elles nous offensent et nous humilient en tant que scientifiques fidèles à la raison ; et en tant qu'enseignants qui ont consacré leur mode de vie à l'avancement et à la diffusion de la connaissance".

La liste du livre des hérétiques ne pouvait pas être soutenue par l'avancée de la logique scientifique ; c'est pourquoi, 359 ans plus tard, le pape Jean-Paul II s'excuse au nom de l'église catholique, aux idées du scientifique italien Galileo Galilei. En d'autres termes, 359 ans plus tard, l'Église catholique revient sur la condamnation de la rétractation à laquelle a été contraint le grand scientifique italien Galileo Galilei. Galileo Galilei s'est rétracté pour éviter d'être brûlé vif sur le bûcher, mais il ne pouvait pas douter de ce qu'il voyait à travers son petit télescope.

L'erreur de Nicolas Copernic a été de considérer que les orbites décrivant les trajectoires des étoiles dans l'Univers étaient circulaires. Jusqu'à ce que l'astronome et mathématicien allemand Johannes Kepler révolutionne l'analyse scientifique. Kepler a déterminé que les orbites des trajectoires des étoiles dans l'Univers sont elliptiques. Disons que la déduction de Johannes Kepler était logique, car elle se fondait sur l'observation naturelle des cristaux de neige tombant sur le manteau de Kepler en hiver. Les flocons de neige sont des cristaux qui ont une géométrie hexagonale. De même, les abeilles, bien qu'elles soient considérées comme des insectes déraisonnables, construisent leurs rayons de miel en forme hexagonale, car la forme hexagonale optimise l'espace physique et économise la quantité de cire. Si au lieu d'être hexagonaux, les rayons des abeilles étaient circulaires, il faudrait utiliser plus de cire. Nous pouvons dire qu'il s'agit d'une décision logique de la part des abeilles, car un hexagone est suivi d'un autre hexagone, ce qui signifie que la quantité de cire n'est pas gaspillée. Les oranges du magasin de fruits peuvent être empilées en forme de pyramide par un vendeur de fruits.

L'observation de la manière d'empiler les oranges est également due à Johannes Kepler. On lui a demandé comment empiler les boulets de canon dans la réserve d'un navire afin que les boulets occupent moins d'espace physique. Johannes Kepler répondit : en forme de pyramide. Une pyramide est composée de plusieurs hexagones et les hexagones empilés forment une géométrie elliptique.

En d'autres termes, pour être un scientifique, la première qualité est l'imagination, et d'avoir assez d'acuité pour saisir par l'observation ce que sont les formes naturelles. En effet, les formes naturelles se produisent logiquement ; par conséquent, les formes naturelles sont spontanées. Il suffit d'avoir assez d'imagination pour projeter les formes naturelles dans la logique d'une théorie. Par exemple, supposons comment les événements se sont produits dans le passé, il y a 13,8 milliards d'années ; et comment les événements se produiront dans un avenir qui se situe au-delà de l'infini le plus lointain.

L'infini moins se trouve au point zéro, car nous avons localisé le point zéro de l'Univers ; et nous sommes censés nous déplacer du point zéro vers un autre point qui se trouve à l'infini plus. Avant le point zéro, rien n'existe ; tout ce qui peut exister avant le point zéro sera virtuel d'un point de vue mathématique.

Edmund Halley était un ami d'Isaac Newton et était capable de calculer mathématiquement la trajectoire elliptique d'une comète. Edmund Halley a pu déterminer mathématiquement et en considérant les étoiles comme des points, que la comète analysée passait au même endroit dans sa trajectoire elliptique autour du Soleil tous les 75 ans. Cette comète, que très peu d'humains verront deux fois au cours de leur vie transitoire, a été baptisée du nom de son découvreur. On l'appelait la comète de Halley. Par exemple, Edmund Halley n'a pas pu voir sa comète une seconde fois.

L'Univers a donc une géométrie sphérique, car c'est la seule façon d'avoir un nombre infini de particules se déplaçant de manière elliptique. Les trajectoires elliptiques empêchent deux ou plusieurs particules d'entrer en collision. En d'autres termes, dans le macro monde qui s'est formé à partir du microonde, nous pouvons avoir plusieurs étoiles se déplaçant de manière elliptique dans un Univers à géométrie sphérique avec la même quantité d'énergie.

L'Univers est de forme sphérique, car seules les trajectoires décrites par les étoiles lorsqu'elles se déplacent dans l'Univers sont elliptiques.

Pour qu'une étoile se déplace sur une orbite elliptique, elle doit tourner sur elle-même. Le noyau de la comète de Halley, par exemple, tourne sur lui-même toutes les 50 heures afin de suivre sa trajectoire elliptique, alors qu'il faut 75 ans pour faire le tour du noyau de la grande planète Soleil. Les orbites elliptiques n'ont pas une vitesse de trajectoire constante, car une ellipse est un cercle aplati.

Nous devons donc supposer que, pour les particules élémentaires, cette vitesse de rotation est supérieure à la vitesse de translation des photons de la lumière. Mais c'est une erreur qu'a commise Albert Einstein en considérant qu'aucune particule ne peut se déplacer plus vite que la vitesse d'un faisceau de photons qui forme le rayonnement électromagnétique de la lumière. Albert Einstein a confondu la vitesse de rotation de la lumière avec la vitesse de translation. Or, on ne peut pas penser que les photons ne tournent pas sur eux-mêmes pour se déplacer.

Les radiations lumineuses contiennent de la matière électronique, mais la lumière ne contient pas de masse magnétique. La masse magnétique, parce qu'elle n'a pas de matière électronique, peut se déplacer plus vite que la lumière. Le mouvement de l'énergie électronique crée de l'énergie magnétique. L'énergie électronique peut être intégrée en tant que matière électronique lorsque l'énergie électronique se déplace très rapidement. En raison de la vitesse de rotation élevée de l'énergie électronique, des noyaux électroniques positifs et des électrons électroniques négatifs se sont formés. Les noyaux positifs peuvent être intégrés davantage, mais l'intégration se fera dans l'espace avec les électrons négatifs pour former une infinité de matières électroniques. Les forces qui motivent ces intégrations à se produire sont les différences de charges électroniques, et les physiciens appellent ces forces d'intégration des bosons.

Si la vitesse de la lumière électronique se déplaçant à 300 000 kilomètres par seconde était suffisante pour convertir l'énergie de l'Univers en matière électronique, l'Univers serait solide ; ou si c'était le cas, l'Univers serait devenu un seul rocher.

Mais, comme nous l'avons déjà mentionné, la masse magnétique ne contient pas de matière électronique ; par conséquent, la masse magnétique peut se déplacer plus vite que la lumière.

C'est la famille Einstein (pour inclure Mileva Marić) qui a poursuivi la confusion selon laquelle la masse magnétique est égale à la matière électronique. La masse magnétique occupe une place dans l'espace ; mais, la masse magnétique n'a pas de poids ; car, la masse magnétique ne contient pas du tout de matière électronique. La matière électronique a un poids ; par conséquent, le poids de la matière électronique dépendra de la force exercée par la gravité, qui est produite par le flux d'énergie électronique provenant des noyaux des étoiles. Par conséquent, le poids de la matière électronique est différent en chaque point ou endroit de l'Univers, et il n'existe pas, par exemple, de graviton.

Le poids de la matière électronique est fonction de la force d'attraction exercée par la matière électronique sur les noyaux électroniques, puisque la force d'attraction se situe spatialement entre les noyaux positifs de la matière électronique et la matière négative des électrons. C'est pourquoi les noyaux comme le soleil sont plus massifs que les satellites du soleil représentés par les planètes. Le Soleil est un noyau électronique, tandis que les planètes sont négatives et compensent par leur charge négative la charge positive du Soleil. Par exemple, la charge négative circule de la Terre vers le Soleil. Les planètes qui tournent autour du noyau du Soleil doivent être appelées les satellites de la grande planète Soleil.

La masse magnétique n'a pas de poids, car la masse magnétique n'a pas de noyaux et pas d'électrons, c'est-à-dire que la masse magnétique ne contient pas de matière électronique. Par conséquent, la masse magnétique ne change pas avec le temps. Parce qu'elle est intégrée sans noyaux et sans électrons, la masse magnétique forme une structure plus stable que la matière électronique, c'est-à-dire que la masse magnétique ne peut pas être disposée dans l'espace, ou de la même manière que la matière électronique.

Peut-être la comète de Halley parvient-elle à compenser par sa charge spatiale négative la charge positive du grand noyau positif du Soleil. La comète de Halley ne fusionne pas avec le Soleil, car l'attraction de la matière électronique est spatiale. La comète de Halley ne pourrait être consommée que par les satellites négatifs en orbite autour du noyau de la planète Soleil ; mais les charges de même signe électronique se repoussent. Ainsi, la comète de Halley est repoussée par les satellites du Soleil, que nous appelons planètes. La comète de Halley est négative ; mais, la comète de Halley est liée spatialement au noyau du Soleil par la différence entre les charges électroniques. Ainsi, le courant électronique circule des planètes négatives vers le noyau du Soleil. Le courant négatif circule du satellite Terre vers le grand noyau du Soleil.

Mais, finalement, l'instrument scientifique est apparu avec le grand astronome italien Galileo Galilei. Galileo Galilei a pu observer avec son petit télescope que le centre de l'Univers n'était ni la Terre ni le Soleil. Cependant, l'église catholique avait déjà un autre moyen de condamner les auteurs et de sauver les dévots. Ainsi, l'Église catholique avait ajouté la peine maximale de l'Inquisition à l'index librorum prohibitorum, pour brûler vifs les auteurs et sauver les dévots lecteurs qui cherchaient une explication plus logique. Car les clercs ne trouvaient pas le moyen d'arrêter l'avancée logique de la science. L'Église catholique a donc promulgué la peine suprême de l'Inquisition, qui consistait à brûler vif l'auteur et les livres contenant les idées de l'auteur.

La suprématie catholique ne voulait pas observer l'Univers à travers le petit télescope de Galileo Galilei. Galileo Galilei a été sauvé du bûcher, car Galileo Galilei était un ami du pape ; mais, une condition que le pape imposerait à Galileo Galilei pour ne pas être brûlé sur le bûcher serait que Galileo Galilei rétracte l'hérésie que Galileo Galilei faisait à travers un télescope contre la pensée philosophique de l'Église catholique. L'idée pratique d'un télescope serait plus facile à implanter dans l'esprit des scientifiques.

Galileo Galilei a écrit sa pensée dans un livre appelé : "Dialogue sur les deux plus hauts systèmes du monde". Cependant, prévoyant la sanction de l'Inquisition, Galileo Galilei n'a pas voulu publier son livre en Italie. Galileo Galilei a publié son livre aux Pays-Bas, parce que la publication du livre devait sauver la pensée scientifique, qui resterait imprimée dans l'histoire de la science expérimentale, parce que le livre était sauvé du bûcher imposé par l'Église catholique en Italie avec l'Inquisition. Galileo Galilei a stratégiquement utilisé le dialogue entre trois personnages fictifs, Salviati, Sagredo et Simplicio, pour écrire son livre.

Ainsi, en raison de cette suspicion à l'égard de Galilée, l'église catholique n'a pas brûlé le livre "Dialogue sur les deux plus hauts systèmes du monde". Elle n'a pas non plus réussi à brûler l'idée de télescope de Galilée. Aujourd'hui, nous disposons donc d'une réplique plus sophistiquée du télescope de Galilée : le télescope James Webb, qui a été lancé dans l'espace le 25 décembre 2021. Le télescope James Webb renvoie des images plus nettes, mais elles ne sont que les graphiques d'une petite partie de la vaste immensité de l'Univers.

Galileo Galilei était un contemporain de Francis Bacon. Francis Bacon considérait que toute théorie scientifique devait être testée par l'expérience dans le cadre de la science expérimentale. Et l'instrument scientifique de Galileo Galilei était son télescope.

Le scientifique britannique Stephen Hawking a déclaré dans une conférence : "...avec la science expérimentale, la pensée philosophique est morte".

Cependant, la science théorique et expérimentale doit se frayer un chemin à travers les différents courants religieux afin d'établir comment s'est formée l'énergie qui fait bouger l'Univers ; et d'où et sous quelle forme est née la masse magnétique de l'esprit, qui est l'énergie qui se déplace sur le corps de tout être vivant pour le conduire.

Le corps physique n'est constitué que de matière électronique changeante, alors que l'esprit est constitué de masse magnétique qui est éternelle. Il sera impossible de vouloir détruire la masse magnétique de l'esprit, car un esprit n'a pas de matière électronique. La masse magnétique d'un esprit n'a pas de noyau ni d'électrons ; les esprits ne peuvent donc pas être détruits. Et parce qu'il est une énergie consciente, l'esprit ne peut pas se détruire.

Au début, c'est-à-dire lorsque l'Univers était infiniment petit, seuls des micro-corps électroniques se sont formés, c'est-à-dire des corps physiques élémentaires, que nous connaissons sous le nom de virus. Ensuite, sur Terre, il y avait les conditions environnementales nécessaires pour que les virus mutent. À partir de ces mutations des virus, des cellules composites se sont formées qui se sont répliquées de différentes manières, et selon les différences de charges électroniques qui ont formé les corps électroniques fonctionnels de tous les êtres vivants.

L'esprit est éternel, car la masse magnétique de l'esprit ne change pas avec le temps ; en effet, la masse magnétique de l'esprit ne contient aucune matière électronique. La seule chose qui change avec le temps est la matière électronique du corps physique. Le changement de la matière électronique du corps physique est dû à l'ajustement spatial des charges électroniques.

Le temps n'existe que sur Terre ; mais le temps est utile pour établir comment un événement a été, et comment il sera entre deux points consécutifs ; c'est-à-dire pour voir comment les événements se sont produits, et pour imaginer comment seront les événements entre deux points consécutifs dans le temps à venir.

Chapitre 2

DANS LE NÉANT IL N'Y A RIEN

L'énergie est produite tant qu'un corps physique est en mouvement ; s'il n'y a pas de mouvement du corps physique, l'énergie ne sera pas produite. Un corps qui n'est pas en mouvement ne produira pas d'énergie ; or, toutes les particules élémentaires sont en mouvement. Par exemple, dans le monde physique, l'électricité est produite par le mouvement de l'air, dans l'eau lorsqu'une turbine se déplace, ou dans un moteur qui entraîne une dynamo ; dans une voiture où le mouvement d'un moteur est transformé en énergie d'avancement. S'il n'y a pas de mouvement, il n'y a pas d'énergie, et dans l'Univers, les étoiles sont composées de particules qui sont en mouvement. Par exemple, le Soleil et la Terre sont en mouvement ; ou dans le corps de tout être vivant, la vieillesse survient parce que les cellules sont en mouvement électronique.

Le mouvement de la matière électronique du corps physique d'un être vivant se produit parce que de la chaleur est générée dans les mitochondries lorsque nous consommons de la nourriture. Alors que la masse magnétique de l'esprit est l'énergie qui anime le corps physique de l'être vivant. L'esprit ne fournit pas d'énergie pour le mouvement du corps d'un être vivant ; la masse magnétique de l'esprit ne fait qu'entraîner le corps physique de l'être vivant. Lorsque la masse magnétique de l'esprit est déconnectée de la matière électronique du corps physique, la matière électronique du corps physique devient sans vie, c'est-à-dire que la matière électronique du corps devient inanimée sans l'énergie magnétique motrice de l'esprit. Dans ce cas, l'énergie qui fait bouger le corps physique est consciente de son existence ; c'est la masse magnétique qui forme l'esprit ; par conséquent, la masse magnétique de l'esprit est toujours vivante ; seulement, la masse magnétique de l'esprit n'a plus la matière électronique du corps physique pour la conduire. C'est-à-dire que si le corps ne dispose pas de l'énergie fournie par la masse magnétique de l'esprit, à cet instant le corps n'a plus aucun mouvement. Sur Terre, on dit que le corps est mort, mais le corps n'est pas mort, ce qui se passe c'est que le corps formé par la matière électronique n'a pas la masse magnétique de l'esprit pour pouvoir se déplacer dans le monde physique ; parce que le corps physique n'a plus le conducteur. L'énergie apparaît quand il y a du mouvement ; et la génération d'énergie s'arrête à l'instant même où le mouvement s'arrête.

L'un des philosophes qui a réfléchi à ce phénomène du mouvement est Parménide. Mais, dans le néant il n'y a pas d'énergie, donc dans le néant il ne peut y avoir de mouvement. Le mouvement n'est apparu dans le néant que lorsque, au milieu du néant, la plus petite particule que nous pouvons imaginer s'est formée et a commencé à se déplacer ; et à cet instant, l'énergie est apparue par le mouvement ; par conséquent, nous avons défini cette plus petite énergie qui peut entrer dans notre imagination comme un almatrino. L'Univers est un système énergétique, dont l'énergie minimale est apparue à l'instant même où l'almatrino a commencé à se déplacer et où une quantité infinitésimale d'énergie a été produite à partir de rien. Ainsi, le mouvement de l'almatrino s'est fait contre rien ; par conséquent, le mouvement de l'almatrino est devenu infini par rapport à la taille infinitésimale de l'Univers naissant. La vitesse de rotation de cette quantité minimale d'énergie ne pouvait plus être arrêtée, car l'almatrino générait lui-même l'énergie qui le maintenait en mouvement. Ainsi, le mouvement est devenu un mouvement accéléré. Ainsi, l'Univers sera toujours en mouvement, car l'Univers produit pour lui-même l'énergie qui le propulse dans le néant. Dans le néant, il n'y a pas de forces qui s'opposent à la croissance accélérée de l'Univers ; par conséquent, le mouvement de l'Univers est sous une forme incrémentale à la quantité d'énergie qui est produite.

C'est pourquoi Parménide a dit : "...pour parler de quelque chose, nous devons dire que quelque chose existe". Mais dans le rien, il n'y a rien. Dans le néant il n'y a pas de changement, car dans le néant il n'y a rien qui puisse être changé.

Il est donc absurde de penser que le néant a été créé, car dans le néant, il n'y a rien qui puisse être créé ou modifié. Dans le néant, il n'y a même pas la pensée ou l'énergie pour essayer de créer quelque chose, car le néant est un vide absolu.

Le néant n'est pas non plus infini, car la limite intérieure du néant est égale à la limite extérieure de l'Univers. L'Univers est une sphère d'accrétion dans le néant. L'Univers a commencé à se former par le mouvement du néant, mais nous devons relier le néant à l'Univers. C'est le mouvement de cette particule minimale qui a commencé à générer l'énergie de ce qui est à ce jour le grand Univers. La frontière qui sépare l'Univers du néant peut croître à l'infini, car dans le néant il n'y a rien, ou bien le néant croît avec la taille de l'Univers. L'Univers implose au centre du néant ; et cette implosion de l'Univers dans le néant est ce qui crée l'espace physique de l'Univers.

Comme nous l'avons dit, cette particule élémentaire qui s'est formée dans le néant, nous avons dû la définir comme un almatrino, afin de relier le néant à l'Univers. Dans ce premier instant de son mouvement tangentiel, un almatrino ne pouvait contenir ni matière ni charge électronique ; et parce qu'il est énergie, un almatrino ne peut être sans mouvement.

Il est logique de penser qu'à cet instant initial, un seul pôle magnétique s'est formé dans l'almatrino ; et ainsi, le premier monopôle magnétique de l'Univers s'est formé. Par conséquent, nous avons associé le début du mouvement énergétique d'un almatrino au monopole magnétique de Paul Dirac. Paul Dirac est le seul physicien qui a déterminé mathématiquement la formation d'un monopôle ; et, à ce moment inaugural de l'Univers, l'almatrino n'avait en fait qu'un seul pôle.

Wolfgang Pauli a proposé la création du neutrino ; toutefois, à cette époque de l'histoire de la physique, l'existence de particules élémentaires dépourvues d'énergie ne pouvait être comprise ; la particule ne pouvait contenir que de la matière. Par conséquent, Wolfgang Pauli a déclaré dans une conférence : "...J'ai fait une chose terrible, car j'ai postulé une particule qui ne peut être détectée".

Wolfgang Pauli a appelé cette particule imaginaire, qui n'avait ni charge ni masse, le neutron. Mais le physicien italien

Enrico Fermi suggéra à Wolfgang Pauli d'appeler cette particule le neutrino, car le neutron existait déjà. Le fermion a été nommé d'après le physicien italien Enrico Fermi. Le boson a été proposé par Paul Dirac pour honorer la mémoire du physicien et mathématicien indien Satyendra Nathan Bose.

Le physicien chinois Wang Ganchang a proposé l'idée de détecter la particule élémentaire proposée par Wolfgang Pauli à partir de la désintégration du rayonnement bêta.

En 1956, les physiciens expérimentaux Clyde Cowan et Frederick Reines ont réussi à mettre au point une expérience permettant de détecter la particule élémentaire proposée par Wolfgang Pauli. Cela s'est produit dans le réacteur 'P' de l'usine de Savannah River, où, le 14 juin 1956. Avec leur équipement expérimental, Reines et Cowan ont réussi à capturer des neutrinos. Clyde Cowan et Frederick Reines ont envoyé un télégramme à Wolfgang Pauli disant : "...nous avons le plaisir de vous informer que nous avons définitivement détecté des neutrinos provenant de fragments de fission en observant la désintégration bêta inverse des protons".

Ainsi, le neutrino est la plus petite particule élémentaire que l'homme a pu détecter avec des équipements expérimentaux. Mais tout indique qu'un neutrino possède une très petite quantité de matière électronique ; par conséquent, un neutrino serait la plus petite particule électronique qui existe.

Nous avons donc dû définir l'almatrino comme la particule élémentaire plus petite qu'un neutrino. L'almatrino n'a pas de charge et pas de matière électronique, mais nous ne pourrons pas détecter un almatrino expérimentalement, car nous ne pourrons pas construire de détecteurs avec de la matière électronique pour que les almatrinos laissent une trace de leur existence. Les almatrinos passeraient à travers n'importe quel détecteur fait par la matière électronique sans être détectés ; ainsi, les almatrinos ne nous laisseront pas de signal pour prouver leur existence dans l'Univers.

Cependant, la pensée de Parménide s'approprie un concept philosophique, comme les déductions d'Aristote.

De même, le concept scientifique d'Albert Einstein est passé, par Albert Einstein lui-même, du scientifique au philosophique. Albert Einstein est le physicien qui a adopté une position philosophique similaire à la pensée philosophique de Parménide. Pour consoler la veuve de la mort de son ami Michele Besso, Albert Einstein a envoyé une lettre à la veuve pour la consoler dans laquelle Albert Einstein dit ce qui suit : "...et maintenant, il a quitté ce monde étrange un peu avant moi. Cela ne signifie rien. Pour ceux d'entre nous qui croient en la physique, la distinction entre le passé, le présent et le futur n'est rien d'autre qu'une illusion têtue et persistante". Dans cette lettre, Albert Einstein semble avoir abandonné au dernier moment la trajectoire qui l'a mené au sommet de la science physique.

Albert Einstein s'est déconnecté de son corps physique, un mois et trois jours après la déconnexion de son ami Michele Besso. Mais ce qui s'est réellement passé, c'est qu'Albert Einstein est parti dans son monde spirituel à l'âge de 76 ans, plus précisément le 18 avril 1955. Ainsi, les esprits d'Albert Einstein et de Michele Besso ne sont pas morts ; ils sont toujours vivants en tant qu'esprits dans le monde des esprits.

Cependant, il sera impossible de voir le monde des esprits à partir du monde physique auquel Albert Einstein fait référence, bien que les deux mondes puissent être observés à partir du monde des esprits ; car la vision n'est pas un phénomène optique mais un phénomène électronique. Ainsi, le monde des esprits est un monde réel, tandis que la dualité de la vie physique est temporaire. La dualité esprit-corps durera aussi longtemps que durera l'existence de la matière électronique du corps physique. En revanche, la masse magnétique de l'esprit est la forme réelle de l'existence, et représente la permanence éternelle qui peut être alternativement dans les deux mondes. Les yeux du corps physique sont les fenêtres permettant à l'esprit d'observer depuis le corps physique ce qui se passe dans son monde physique.

Les esprits émettent des sons infrasoniques ; en effet, le son n'est pas une onde électromagnétique ; le son est une perturbation du milieu physique. Ce qui inonde le milieu physique d'un être humain est la substance de l'air ; il faut donc plus de force pour déplacer une masse d'air qui se trouve entre l'émetteur du son et l'auditeur ; par conséquent, un esprit ne peut pas tenir une conversation agréable avec un être humain adulte incarné. L'être humain adulte ressentira de la peur, car il reconnaît que le timbre avec lequel il parle est un esprit.

Il faut moins d'efforts pour perturber une masse d'eau qu'une masse d'air. Ainsi, les enfants peuvent capter les infrasons d'un esprit jusqu'à l'âge de 5 ans. Cela se produit lorsque l'enfant s'adapte à être dans l'air dans son monde physique. Le son se déplace 5 fois plus vite dans l'eau que dans l'air ; et la perturbation dans l'eau chaude est plus grande que dans l'eau à température normale. Les yeux des bébés se sont formés fermés dans l'eau chaude du placenta, tout comme leurs oreilles. Par conséquent, les enfants jusqu'à l'âge de 5 ans sont les seuls qui peuvent voir et parler agréablement avec le timbre magnétique d'un esprit.

Un enfant ne sait pas que ce qu'il regarde est l'image holographique de son grand-père sous forme d'esprit ; par conséquent, l'enfant n'a pas peur de ce qu'il voit ; cependant, le père de l'enfant ne peut pas voir la figure holographique de l'esprit de son père ; car le père de l'enfant sait que son père est mort. Nous ne pouvons pas non plus utiliser un bébé comme sujet de test. Et en ce qui concerne un enfant de 5 ans, nous pensons que l'enfant nous ment ou qu'il a des hallucinations ; car, en tant qu'adultes, nous ne pourrons pas voir ce que l'enfant voit.

Nous pouvons voir les images lorsque nous sommes endormis, c'est-à-dire les yeux fermés. Les aveugles peuvent voir des images pendant leurs rêves et localiser des obstacles dans l'espace physique sans avoir d'yeux physiques.

Mais nous ne pourrons pas saisir les images lorsqu'elles sont immobiles, car le cerveau transformera les images fixes en une séquence d'images en mouvement par le biais du phénomène phi. Le phénomène phi est une illusion d'optique qui a été découverte par le psychologue allemand Max Wertheimer. Le phénomène phi est le même que celui qui se produit lorsque nous regardons des dessins animés. Les dessins animés ont été popularisés par l'entrepreneur américain Walter Elias Disney avec sa société Walt Disney.

Cependant, nous ne pouvons pas voir dans les rêves les événements qui ne se sont pas produits, car les événements qui ne se sont pas produits n'existent que dans l'imagination. Lorsque nous faisons référence à l'imaginaire, l'imaginaire est identique au néant, de sorte que l'imagination n'est pas quelque chose de réel.

Nous ne pourrons voir que les événements qui se sont produits dans le même temps par rapport à l'Univers. Mais, à cause de la grande distance qui sépare les deux points entre lesquels au premier point un événement s'est produit, il semble que ce soit un temps futur pour quelqu'un qui roule à vitesse zéro par rapport à un corps qui est en mouvement par rapport à l'Univers. Si une personne peut se déplacer à une vitesse supérieure à celle de la lumière, elle sera en mesure de voir les événements qui se produisent un peu plus tôt par rapport au moment où une personne se déplace à une vitesse nulle par rapport à un corps en mouvement dans l'univers.

Un exemple est celui d'une personne roulant sur la Terre. L'autre personne est un esprit. L'esprit ne contient que de la masse magnétique ; et parce qu'il n'a pas de matière électronique, l'esprit n'a pas de poids, donc un esprit peut se déplacer plus vite qu'un rayon de lumière.

Par conséquent, Galileo Galilei a imaginé dans une conversation de ses personnages fictifs : Salviati, Sagredo et Simplicio sur la vitesse à laquelle se déplace la lumière.

Simplicio dit à Sagredo :

"... et l'expérience quotidienne, nous montre que la propagation de la lumière est instantanée ; car lorsque nous voyons un canon tiré à une grande distance, l'éclair parvient à nos yeux sans qu'aucun temps ne s'écoule ; tandis que le son ne parvient à nos oreilles qu'après un intervalle perceptible".

Sagredo répond à Simplicio :

"... eh bien Simplicio, la seule chose que je puisse déduire de cette expérience très commune, c'est que le son, pour arriver à nos oreilles, voyage plus lentement que la lumière ; mais, cela ne m'informe en rien si la rapidité de la lumière est instantanée ; ou, même si elle est extrêmement rapide, en tout cas, la lumière investit un certain temps".

Nous pouvons retirer le canon de Galilée pour que Sagredo allume la mèche du canon à une demi-année-lumière, c'est-à-dire à une distance d'environ 4 730 365 236 290 kilomètres. Simplicio, en tant qu'esprit, peut voyager à 90 000 000 000 kilomètres par seconde, alors que la lumière possède de la matière électronique ; par conséquent, la lumière voyage à une vitesse plus lente que la masse magnétique de l'esprit. La lumière voyage à 300 000 kilomètres par seconde. Sur Terre, nous laissons Salviati pour assister à la mise à feu du canon lorsque Sagredo allume la mèche. Simplicio donne l'ordre à Sagredo d'allumer la mèche du canon... Simplicio vient sur Terre pour informer Salviati que dans 6 mois il verra le tir du canon. Après 3 mois Simplicio retourne là où Sagredo est avec le canon ; et il rencontre au milieu du chemin, avec le rayon de lumière qui apporte le signal du candélabre pour Salviati qui est sur Terre. Simplicio continue son chemin vers l'endroit où se trouve Sagredo avec son canon. Mais, au point 1 où l'événement s'est produit, il n'y a plus Sagredo avec le canon, car 3 mois se sont écoulés et Sagredo a quitté l'endroit avec son canon.

Après 6 mois, Salviati, qui se trouve sur la Terre avec une vitesse nulle par rapport à la Terre, qui se déplace à 28 kilomètres par seconde par rapport au Soleil, voit l'éclair du canon qui a apporté le rayon de lumière. Salviati réfléchit un peu et dit que Simplicio est un devin, car Simplicio a été capable de voir dans le temps présent, un événement qui s'est produit il y a 6 mois.

En réalité, le chandelier s'est produit au même moment pour Sagredo, Simplicio et l'Univers, seulement Salviati a dû attendre 6 mois pour voir la lumière parcourir 4,7 milliards de kilomètres afin que Salviati puisse voir le chandelier du canon. C'est-à-dire que, pour l'Univers, Simplicio et Sagredo, le temps était un présent, tandis que, pour Salviati, l'événement s'est produit dans le futur. Par conséquent, les événements qui n'ont pas eu lieu, nous ne pourrons pas les voir.

La relation mathématique qui explique à quel moment l'énergie devient masse est l'équation d'Albert Einstein et de Mileva Marić, $E=mC^2$. Cependant, cette équation n'a pas de sens physique, car elle ne précise pas si 'm' correspond à la masse magnétique, ou si 'm' est la quantité de matière électronique. Sans la clarification de la signification de cette variable, l'équation de l'énergie de la théorie de la relativité n'a pas de sens du point de vue physique. La théorie de la relativité n'a pas de sens si la quantité initiale de matière m_0 de l'Univers n'est pas définie ; puisque, pour Albert Einstein, la quantité initiale de matière électronique de l'Univers est imaginaire.

Ce sont peut-être Albert Einstein et Mileva Marić qui ont confondu le terme complexe du mathématicien allemand Johann Carl Friedrich Gauss. Ils ont appelé le terme complexe de Gauss un terme imaginaire, mais complexe est différent d'imaginaire. Le complexe est difficile à trouver sur le plan mathématique. Le complexe peut être difficile à trouver ; mais, le complexe est réel ; le complexe n'est pas imaginaire.

L'équation expliquant comment la matière électronique s'est formée à partir d'une quantité initiale de matière électronique m_0, a été dérivée de la masse initiale en utilisant le terme complexe 'i'. Cette équation est : $Ev=m_0C^3$, où m_0 représente la quantité de matière électronique initiale, qui s'est formée au premier instant de l'existence de l'Univers naissant. La vitesse v est la vitesse de l'almatrino.

Il n'y a rien dans le néant, et nous avons déjà dit que la taille du néant est la même que celle que l'Univers acquiert à chaque instant qui passe. Par conséquent, le moment inaugural de l'Univers a commencé à l'instant même où le mouvement de l'almatrino a commencé. Mais la création de la matière électronique se poursuit tant que le mouvement existe, car sans le mouvement de l'énergie électronique, il n'y aurait pas de matière électronique.

Nous devrions commémorer cet événement une fois par année terrestre, car c'est grâce à ce mouvement que nous existons dans l'Univers et que l'Univers existe ; par conséquent, l'inauguration de ce qui s'est passé à ce premier instant est l'événement le plus important qui se soit produit dans toute l'histoire de l'existence de la vie éternelle et de la vie éternelle du grand Univers.

Chapitre 3

L'ÉNERGIE QUI ANIME

La masse magnétique de l'esprit, à partir du moment où elle est incorporée dans le corps physique d'un bébé, s'adapte à la taille du corps physique, qui sera sa résidence jusqu'à la fin de l'existence de la vie physique. L'esprit est la masse magnétique qui mène au corps physique. Comme nous l'avons dit, la masse magnétique de l'esprit ne fournit pas au corps physique l'énergie électronique pour le déplacer, puisque la masse magnétique de l'esprit, en plus d'être neutre, ne se désintègre pas et ne contient pas de matière électronique à déplacer.

Pendant que nous cherchons un nom plus approprié pour le timbre énergétique de l'esprit, nous pouvons classer ce conducteur du corps physique comme une énergie. Ainsi, l'énergie de l'esprit ne conduit que le corps physique, tandis que l'énergie électronique qui fait bouger le corps physique provient de la nourriture que le corps physique consomme. En d'autres termes, la nourriture est le carburant qui anime le corps physique. Le corps n'est constitué que de matière électronique.

La masse magnétique ne peut pas fusionner avec la matière électronique du corps physique, car ces deux énergies sont déjà intégrées : l'esprit est une énergie magnétique intégrée sous forme de masse magnétique ; et le corps est une énergie électronique intégrée sous forme de matière électronique. L'association entre la masse magnétique de l'esprit et la matière électronique du corps se fera séparément, et seulement temporairement, c'est-à-dire sans pouvoir s'unir en une seule identité pour la durée de l'association, de la conduction, ou en termes généraux, de l'existence physique de l'être vivant.

Il en sera ainsi, car la masse magnétique de l'esprit et la matière électronique du corps sont des formes neutres, et par conséquent ces deux formes ne pourront pas se fondre en une seule. La masse magnétique de l'esprit n'a pas de noyau et pas d'électrons ; par conséquent, la masse magnétique de l'esprit ne pourra pas se combiner avec d'autres énergies électroniques et d'autres masses magnétiques, c'est-à-dire de la même manière que se combinent deux ou plusieurs sortes de matière électronique, qui sont logées dans l'espace parce qu'elles ont des noyaux et des électrons. Par conséquent, la masse magnétique de l'esprit forme un timbre inerte qui est plus solide que la matière électronique plus stable. La matière électronique change avec le temps, alors que la masse magnétique de l'esprit est éternelle.

Parce qu'elle est inerte ou immuable et consciente d'elle-même, la masse magnétique de l'esprit peut vivre de façon indépendante et peut se trouver n'importe où dans l'Univers ; et parce qu'elle est énergie et apesanteur, la masse magnétique ne peut être affectée par des extrêmes de température ou de gravité.

Beaucoup de gens plaisantent parce qu'ils ne me croient pas quand je leur dis que je viens du Soleil. Lorsque j'étais un petit garçon de 5 ans, je pleurais parce que je venais du Soleil. Je disais entre les sanglots d'un enfant : ...et maintenant je vais devoir travailler pour vivre..... Bien sûr, dans le Soleil nous n'avons pas besoin de consommer de la nourriture, car dans le Soleil nous n'avons pas de corps physique pour les déplacer. Quand j'étais enfant, je courais après les esprits pour les rattraper, ce que je voulais d'eux c'était qu'ils m'apprennent à voler, parce que les esprits ne marchent pas comme un être humain, ils se déplacent comme s'ils volaient à la hauteur de la route. Ensuite, j'ai appris à sortir de mon corps, et j'ai traversé les murs comme s'ils n'existaient pas. Mais j'ai compris que nous sommes en fait des esprits vivant temporairement dans un corps physique.

L'esprit est l'énergie qui donne à l'être physique une façon d'être et d'agir, c'est-à-dire le comportement du corps physique et ses performances dans le monde physique, qui ne dépendront que de l'habileté ou de la capacité que chaque esprit a acquise en faisant l'aller-retour entre le monde spirituel et le monde physique. C'est une accumulation d'apprentissages qui se manifeste dans les capacités de l'esprit dans le monde physique et en tant qu'être vivant sur Terre.

C'est ainsi que naissent les enfants prodiges, et que naîtront les enfants qui seront des génies à l'âge adulte. Les génies sont des personnes qui naissent avec la mission d'apporter un changement dans la façon de penser de la société qui appartient à l'être humain ; alors que les prodiges maîtrisent une discipline déjà existante ; par exemple, les mathématiques et la musique.

Sur Terre, lorsque la masse magnétique de l'esprit est déconnectée de la matière électronique de son corps physique, l'esprit aura le même schéma et la même coloration que la forme énergétique de son corps physique. Ainsi, nous pouvons reconnaître à quel corps physique appartenait l'esprit qui a été déconnecté ; autrement dit, nous pouvons savoir à qui appartenait l'esprit de ceux d'entre nous qui se trouvent temporairement dans le monde physique.

L'esprit n'est donc pas une énergie qui erre sans but dans l'univers. L'esprit a fait une copie exacte de l'empreinte de son corps physique avec ses qualités magnétiques ; c'est-à-dire que l'esprit conserve les caractéristiques de sa forme physique, de ses manières et de son comportement qui sont bien définis.

C'est pourquoi l'esprit peut être reconnu par ses petits-enfants, si l'esprit du corps physique a eu des enfants lorsqu'il était dans un corps physique, et que les enfants de l'esprit ont eu des enfants dans cette longue trajectoire énergétique.

Les esprits de la Terre feront partie du monde des esprits sur la Terre, alors que les esprits qui viennent d'autres galaxies sur la Terre ne pourront pas avoir d'enfants sur la Terre. Ainsi, nous, les esprits extra-terrestres, n'aurons pas de petits-enfants, car nous n'appartenons pas au monde terrestre. Il ne servirait à rien de laisser de la famille sur Terre ; car, esprits qui ne sont pas de la Terre, nous devrons retourner à l'endroit de l'Univers auquel nous appartenons.

Quant à l'Univers, dans l'Univers tout ce qui existe est absolu ; car, comme nous l'avons dit, l'Univers s'étend dans le néant. C'est-à-dire qu'à l'extérieur de l'Univers, il n'y a pas de forces énergétiques, ou dans la partie extérieure de l'Univers, il n'y a rien qui puisse s'opposer à la croissance de l'Univers. L'Univers s'étend très rapidement, car sa croissance est accélérée. Cela signifie qu'à chaque instant, la croissance de l'Univers n'est pas linéaire mais exponentielle, c'est-à-dire que l'Univers croît plus vite à mesure que l'Univers produit plus d'énergie.

Relativement parlant, si un être humain devait observer l'expansion de l'Univers, il ne le remarquerait pas, car par rapport à la taille de l'Univers, un être humain est quelque chose de moins qu'un point, et il devrait attendre une éternité pour observer l'expansion de l'Univers. Il serait très long pour un être humain d'attendre ce que représente un instant pour l'Univers. Nous pourrions dire que l'Univers devient très grand par rapport à notre observation de ce qu'est un instant pour l'Univers. Après avoir lu ce paragraphe, l'Univers est devenu exponentiellement plus grand ; cependant, nous ne sommes pas conscients de cette croissance ; et il semble plutôt que nous vivions dans un monde statique.

Tant qu'il y aura plus de corps en mouvement, plus d'énergie sera produite ; c'est la force qui propulse l'Univers vers le néant ; mais nous avons déjà mentionné qu'à l'extérieur de l'Univers, il n'y a rien qui puisse arrêter le mouvement expansif de l'Univers.

Le néant est un vide absolu ; par conséquent, l'Univers se développe dans le vide de manière chaotique. Les événements futurs de l'Univers ne peuvent pas être prédits, car nous ne saurons pas ce que sera la nouvelle configuration de l'Univers ni comment elle sera dans le temps futur. La prochaine configuration de l'Univers, nous ne saurons pas à quoi elle ressemblera, car la forme du futur Univers est imprévisible. En d'autres termes, le temps ne peut exister dans l'Univers ; le temps n'existe sur Terre qu'en tant que variable mathématique. Les événements du présent n'ont aucun rapport avec les événements du passé, et les événements du passé n'auront aucun rapport avec les événements qui se produiront dans le futur.

Il n'y a que sur terre que le temps représente une activité cyclique, c'est-à-dire que les mêmes jours et les mêmes mois passés se répètent ; car dans le futur, les jours et les mois portent le même nom, bien que ce qui se passe dans les jours et les mois à venir soit différent des événements des jours et des mois passés. L'être humain ne vit pas dans le présent, mais dans l'attente de ce qui se passera dans le futur. Cependant, les événements de l'Univers ne se répètent pas, car la marche de l'Univers se fait de manière accélérée.

La masse magnétique de l'esprit ne change pas non plus avec le temps, car l'esprit ne contient pas de matière électronique. C'est-à-dire que la masse magnétique de l'esprit ne se désintègre pas avec le passage du temps, ou comme cela arrive à la matière électronique des corps. Ainsi, dans le monde de l'esprit, il est inutile d'utiliser un calendrier, car dans le monde de l'esprit, on vit dans un instant éternel.

Sur terre, la matière électronique peut prendre de nouvelles formes au fil du temps, mais ces variations n'arrivent qu'à la matière électronique sur terre. Les mutations ont plus de chances de se produire chez les plantes que chez les animaux, car les plantes sont plus proches les unes des autres. Ainsi, la brise qui déplace les graines tombe sur les plantes qui sont proches les unes des autres. Les fourmis et les abeilles peuvent faire en sorte que le corps électronique des plantes mute plus fréquemment au fil du temps. Ainsi, sur Terre, il existe une plus grande variété de plantes que d'animaux. Cette mutation du corps électronique est toujours en cours sur Terre, mais nous ne sommes pas conscients de cette évolution.

Alors que les virus se sont formés au début de l'Univers par l'intégration physique de la micro-matière électronique avec la micro-masse magnétique. Ainsi, les plus petits corps qui existent sont des virus ; car, un virus est la transition entre la vie et la non-vie qui forme la masse magnétique avec la matière électronique. Dans l'environnement terrestre, les virus ont muté en noyaux, mitochondries, ribosomes et autres organelles cellulaires. Ces formes cellulaires dérivées des virus se sont auto-encapsulées et ont formé les cellules composites qui ont donné naissance à la plupart des êtres vivants, qui s'auto-répliquent par la réplication cellulaire.

La masse magnétique de l'esprit est la véritable forme de vie ; car, par rapport à la Terre, la masse magnétique de l'esprit restera vivante après que le processus de déconnexion entre la masse magnétique de l'esprit et la matière électronique du corps physique ait eu lieu. Sur Terre, il n'y a que la séparation de la masse magnétique de l'esprit et de la matière électronique du corps. Une fois séparée du corps, la masse magnétique de l'esprit continue à vivre. Par contre, la matière électronique du corps physique continuera son processus de changement sur Terre, car c'est à la Terre qu'appartient la matière électronique du corps physique.

Au moment de la séparation, l'esprit ne peut emporter aucune matière électronique avec lui, car la matière électronique de quiconque a un poids, alors que la masse magnétique de l'esprit ne contient aucune matière électronique, donc l'esprit n'a aucun poids. L'esprit n'est constitué que de masse magnétique qui, comme on l'a dit, forme un timbre énergétique qui a la même forme que le corps physique. L'esprit est une copie magnétique qui se distingue comme un halo lumineux enveloppant le corps physique. Au moment de la déconnexion, ce halo de lumière se sépare ; il est libre, car il est déconnecté de son corps physique.

Mais, nous ne pourrons pas tous voir ce halo de lumière, car cette lumière est constituée de masse magnétique. Cette forme de lumière qui enveloppe le corps physique est vive et brillante, mais elle est différente de la lumière qui forme l'énergie électronique. La lumière électronique, nous pouvons la voir, car le faisceau de photons se heurte et rebondit sur des objets rugueux. La lumière spirituelle, en revanche, est cohésive ; la lumière spirituelle a une texture mate ; par conséquent, la lumière spirituelle ne se désintègre pas, ne se disperse pas et ne rebondit pas.

Pour les esprits, la matière électronique est comme si elle n'existait pas, car l'énergie magnétique des esprits traverse les objets physiques sans être retenue. Ainsi, cette lumière d'esprit n'entre pas en collision avec les objets physiques, mais la lumière électronique entre en collision et rebondit sur l'image holographique des esprits, c'est pourquoi certains humains peuvent voir la lumière dans le rebond, ce qui nous donne une image exacte de l'image holographique d'un esprit sur l'écran du cerveau.

L'énergie de l'esprit ne mène qu'au corps physique. Un exemple pour voir cette différence peut être une voiture. Le conducteur de la voiture est l'esprit de la voiture, tandis que l'essence est ce qui fournit l'énergie électronique pour faire avancer la voiture.

L'esprit a une mémoire magnétique ; cette mémoire de l'esprit lui donnera une identité individuelle et une façon d'être ; c'est sa qualité. Mais l'esprit, lorsqu'il fait partie d'un corps physique, ne se souvient pas de ce qu'est son monde spirituel, il peut s'en souvenir sporadiquement, seulement lorsqu'il était enfant.

L'esprit ne se souvient pas de ce qu'est son monde spirituel, car l'esprit est incorporé au corps physique à 5 mois dans l'utérus. Son petit corps n'a pas de mémoire électronique, la mémoire électronique du corps du bébé est mise à zéro, car le bébé est issu de deux haploïdes et les haploïdes n'ont pas de mémoire. Au fur et à mesure que la mémoire physique se forme dans l'hippocampe, l'esprit qui est incorporé dans le corps physique va stocker dans sa mémoire physique les expériences de cette opportunité d'existence dans son monde physique. La mémoire physique est consolidée lorsque l'hippocampe est achevé à l'âge de cinq ans ; par conséquent, après l'âge de cinq ans, l'esprit de l'enfant ne se souviendra pas de ce qu'est son monde spirituel. L'esprit de l'enfant ne pourra stocker dans sa mémoire physique que les souvenirs physiques de cette vie physique.

La mémoire est magnétique, elle n'a donc aucun poids, de sorte qu'au moment de la déconnexion, l'esprit emportera les souvenirs de cette vie dans sa mémoire magnétique vers son monde spirituel. La mémoire magnétique est ce qui permet à l'esprit d'évoluer et de se différencier des autres esprits. La mémoire magnétique de l'esprit est ce qui donne à l'esprit la forme d'être, et la coloration énergétique de la façon dont il se comporte et façonne ses vêtements énergétiques.

Le comportement de l'esprit est le même pour tous les êtres vivants ; par exemple, les animaux comme les humains ont tous des sentiments. On peut observer que le comportement de chaque animal est différent, même s'il appartient à la même race.

La masse magnétique de l'esprit ne peut évoluer que grâce aux connaissances que l'esprit acquiert ; et chaque expérience est stockée par l'esprit dans sa mémoire magnétique. C'est l'évolution des connaissances qui place chaque esprit sur une échelle supérieure. La connaissance est individuelle, c'est le qualia de l'esprit, c'est-à-dire que ce que l'esprit apprend, il ne le transmettra pas de la même façon aux autres esprits. Au fur et à mesure qu'il enseignera ce qu'il a appris, l'esprit évoluera vers un point plus élevé dans son échelle infinie de connaissances.

Chapitre 4

L'UNIVERS N'A PAS ÉTÉ CRÉÉ

Quant à la durée de vie de l'Univers, elle sera éternelle, car l'Univers n'a pas été créé par quelqu'un, mais l'Univers continue et continuera à se créer tant qu'il y aura le mouvement des corps célestes dans l'Univers. Ainsi, l'Univers n'aura pas de taille finale en un point final, car les corps célestes ne s'arrêteront pas de bouger. A partir de l'instant inaugural, l'Univers ne s'arrêtera pas ; car l'Univers génère pour lui-même l'énergie qui le maintient en mouvement ; et l'intégration de l'énergie électronique créera de nouveaux corps célestes qui maintiendront l'Univers en mouvement. L'existence de l'Univers se poursuivra éternellement ; et il continuera ainsi tant qu'il y aura du mouvement. Mais, l'Univers ne peut pas rester immobile tant que la génération d'énergie existe. Il est impossible que l'Univers meure ou cesse de croître, car l'Univers implose au milieu du néant. Le néant est absolu et l'Univers est créé de la même manière ; ainsi, dans le néant, rien ne peut arrêter la croissance accélérée de l'Univers.

La croissance de l'Univers est chaotique car, comme nous l'avons dit, un état initial est différent de l'état suivant, ce qui a été déduit par le polymathe français Jules Henri Poincaré. Poincaré était aveugle ; mais, étant myope, cette déficience visuelle a permis à Henri Poincaré de développer sa capacité d'imagination ; en effet, Poincaré fermait les yeux pour imaginer ce que disait son instituteur. L'enfant Poincaré ne pouvait pas distinguer ce que l'instituteur écrivait au tableau noir ; par conséquent, l'enfant Poincaré fermait les yeux pour imaginer.

En mathématiques, il s'agit d'une façon d'interconnecter deux ou plusieurs événements qui se sont produits dans le passé. Ces événements ne peuvent être imaginés que dans le passé ou dans le futur. Par exemple, nous pouvons savoir ce qui s'est passé entre deux points en plaçant les événements de manière mathématique ; et grâce à la logique analytique que nous donne l'imagination, nous nous rendrons compte de la manière dont ces événements ont pu se produire. La seule façon de conserver cette mémoire sous forme physique est de l'enregistrer dans des livres physiques ; car la mémoire physique d'un être humain pensant est perdue dès que l'esprit est déconnecté de son corps physique.

L'imagination fait partie de la capacité évolutive de l'être humain ; en effet, on ne pourrait pas dire que les animaux ont de l'imagination ; de toute évidence, les animaux expriment des instincts et des sentiments.

La mémoire physique est logée dans l'hippocampe. C'est elle qui permet à l'être humain d'avoir la qualité de se projeter dans le temps et de se situer dans l'espace. En ce moment, la capacité d'imagination nous permet de remonter le temps jusqu'à 13,8 milliards d'années, de pouvoir imaginer comment les événements se sont produits à ce point zéro ou l'instant inaugural à partir duquel, ou comment l'Univers a commencé à se former. Mais le but de cette quête est de démontrer que tous les êtres vivants sont frères et sœurs, car nous sommes tous issus de l'énergie qui émane de l'Univers.

L'erreur est peut-être que la plupart des scientifiques pensent que, si un tel événement ne peut être expliqué d'une manière ou d'une autre par une fonction mathématique, alors ils supposent que l'événement physique n'existe pas, même si cet événement est réel.

Tel est le cas d'Albert Einstein, qui ne s'est pas rendu compte que la masse de l'esprit est une entité réelle ; car Albert Einstein a conclu que la masse serait imaginaire dans le cas d'une particule se déplaçant plus vite que la lumière. Mais Albert Einstein n'a pas compris qu'il était en réalité un esprit vivant dans un corps physique, que ses parents ont nommé Albert. La vérité est que nous ne connaissons pas le nom de l'esprit qui animait le corps d'Albert Einstein sur Terre.

Ce qu'Albert Einstein et Mileva Marić ont voulu dire par la variante 'm' dans l'équation $E=mC^2$, c'est que 'm' est la matière électronique au lieu de la masse magnétique, qui est différente. La masse magnétique fait référence au timbre de l'esprit. Cependant, à l'époque d'Albert Einstein, et même aujourd'hui, le comportement physique des particules élémentaires n'est pas connu en détail, car nous ne les voyons pas.

La logique, puis l'expérience de la sortie du corps, nous indiquent qu'en tant qu'esprits nous pouvons nous déplacer à une vitesse supérieure à celle de la lumière. Seulement, nous ne pouvons pas tous quitter le corps pour le prouver, car encore une fois, les scientifiques pensent que l'être humain n'est constitué que de matière électronique qui fonctionne sans avoir besoin de l'énergie magnétique de l'esprit. Mais la masse magnétique de l'esprit est la véritable énergie qui anime la forme vivante du corps électronique. C'est l'énergie qui guide et dirige la matière électronique de tout corps physique : que ce soit un insecte, une vache, un chat, un porc, un oiseau, un poisson, un être humain, etc.

La seule façon de réparer les événements serait de supposer que l'Univers est statique. Or, l'existence d'un Univers statique est impossible. L'idée d'un Univers immobile a été réalisée à temps par Albert Einstein lorsque celui-ci a essayé de calculer une constante cosmologique d'un Univers statique. Albert Einstein a renoncé à la proposition d'une constante cosmologique lorsque Edwin Powell Hubble, en 1929, a pu démontrer que l'Univers est en expansion. On déduit que l'idée d'un Univers en expansion a été proposée en 1927 par la capacité imaginative du prêtre belge Georges Lemaître, qui est également à l'origine de la théorie du Big Bang.

Ainsi, nous ne pouvons voir que ce qui se passe dans le présent de manière réelle, ce qui représente un moment éternel.

L'hydrogène est la première matière électronique formée par l'intégration de la matière positive d'un noyau avec la matière négative d'un électron. L'hydrogène peut se combiner avec le carbone pour produire un nombre infini de combinaisons et donner naissance à une énormité de substances organiques. L'hélium gazeux, par contre, est inerte, il ne se combine donc pas avec d'autres substances. Pour cette raison, l'hélium gazeux représente un autre des gaz les plus abondants dans l'Univers.

Nous pouvons imaginer qu'au début, lorsque l'Univers a commencé à se former, à chaque niveau d'énergie, les deux énergies étaient formées par le mouvement de 4 almatrinos (en réalité 5 almatrinos). Le flux d'énergie de ces almatrinos était formé dans une séquence alternée. Le mouvement alternatif peut être expliqué par 2 probabilités : il y aura 2 fermions pour 1 événement. C'est-à-dire que les 4 almatrinos se sont formés de manière alternée (+ et -). Au niveau d'énergie 1, nous aurons : +½, -½, + ½, -½. En d'autres termes, au niveau 1, il y aura 2 almatrinos positifs (+½) et 2 almatrinos négatifs (-½).

Les 2 almatrinos positifs se sont intégrés et le premier noyau électronique positif s'est formé.

Les 2 almatrinos négatifs se sont intégrés et le premier électron négatif s'est formé.

Un noyau électronique positif s'est intégré dans l'espace avec un électron négatif pour former un atome d'hydrogène, qui représente l'unité la plus simple de la matière électronique.

L'almatrino 5 au niveau d'énergie 1 est celui qui se connecte à un autre almatrino au niveau d'énergie 2.

Les 2 noyaux positifs ont généré les 2 énergies magnétiques positives. Ces 2 énergies magnétiques positives se sont intégrées spontanément et la première masse magnétique positive infinitésimale s'est formée.

Les 2 énergies négatives des électrons ont généré les 2 énergies magnétiques négatives. Ces 2 énergies magnétiques négatives se sont intégrées spontanément et la première masse magnétique négative infinitésimale s'est formée.

La masse magnétique positive infinitésimale s'est intégrée à la masse magnétique négative infinitésimale et le premier corps infinitésimal de virus s'est formé. Les virus sont des corps infinitésimaux ou très petits ; par conséquent, les virus peuvent se propager dans l'espace à mesure que celui-ci s'agrandit.

De cette façon, les niveaux énergétiques se sont formés en une échelle infinie de niveaux contigus. À ce stade de la vie terrestre, nous vivons sur le niveau physique en tant que partie d'un corps physique.

Disons qu'à partir des plantes, une ascension de la connaissance est réalisée jusqu'à culminer dans l'instinct et la compréhension ; mais c'est l'être humain qui est à l'avant-garde de ce processus évolutif des êtres vivants. Cependant, le processus de base ou nécessaire à l'existence de l'être vivant est le même pour les plantes, les animaux et les êtres humains en ce qui concerne la naissance et la désincarnation du corps physique. Par conséquent, il s'agit d'une échelle d'apprentissage pour acquérir des connaissances ; et l'être humain est celui qui se trouve au sommet et doit acquérir plus de conscience afin d'évoluer en tant qu'être spirituel qui guide au lieu de confondre et de tuer les autres êtres vivants, car il ne sait pas que les autres êtres vivants sont ses frères et sœurs.

Au début, un almatrino devait tourner sur lui-même à grande vitesse, et la grande vitesse de rotation produisait une grande quantité d'énergie ; mais, la vitesse de rotation n'atteignait pas une valeur infinie ; car à une valeur de la vitesse de rotation l'énergie se condensait sous forme de matière électronique.

Si la grande énergie produite par la grande vitesse de rotation ne s'était pas condensée sous forme de matière électronique, les almatrinos seraient encore en train de tourner vers une valeur infinie. La matière électronique n'aurait pas été produite. Ainsi, nous ne serions pas ici à raconter cette histoire, et l'Univers serait comme une roche ou un plasma énergétique.

La vitesse de rotation de l'almatrino est devenue de plus en plus grande, car la sphère elliptique de la trajectoire de l'almatrino a augmenté à mesure que l'espace était créé par l'expansion de l'Univers contre le néant. À cette époque, la taille de l'Univers était infinitésimale. Mais une limite a été atteinte où le flux d'énergie électronique produit par la grande vitesse de rotation de l'almatrino s'est transformé en matière électronique. Aujourd'hui, cette vitesse de rotation élevée est produite dans les trous noirs. En fait, ce ne sont ni des trous ni des trous noirs, ce sont de belles mais gigantesques sphères d'accrétion.

La vitesse limite pour que l'intégration se produise est prédite par l'équation $Ev=m_0C^3$.

50% de l'énergie produite dans l'Univers se condense et forme 4% de la matière électronique de l'Univers. Un exemple est la grande quantité d'énergie qui est générée mais stockée dans une petite quantité de matière électronique dans une bombe atomique.

L'esprit n'a pas de sexe, mais il existe des esprits masculins et féminins. Le genre masculin est produit par l'intégration des 2 énergies magnétiques positives ; et l'intégration des 2 énergies magnétiques négatives produit le genre féminin. En d'autres termes : Les 2 énergies magnétiques positives ou ascendantes génèrent une énergie magnétique positive qui tourne de droite à gauche ; ces 2 énergies positives s'intègrent et forment la masse magnétique positive d'un être masculin. Les 2 énergies magnétiques négatives ou circulant vers le bas génèrent une énergie magnétique négative qui tourne de gauche à droite ; ces 2 énergies négatives s'intègrent et forment la masse magnétique négative d'un être féminin.

Sur Terre, l'énergie électronique positive forme la matière électronique d'un corps masculin, tandis que la matière électronique négative forme la matière électronique d'un corps féminin.

Dans le ventre de la mère, un esprit masculin peut être incorporé dans le corps masculin et un bébé naît. Et un homme sera formé.

Ou bien, dans l'utérus, un corps féminin peut être formé et l'esprit féminin d'un bébé est incorporé, et une femme sera formée.

Une femme peut se combiner avec un homme et un garçon ou une fille sera formé, dans un cycle sans fin mais qui est le même pour tous les êtres vivants sur terre ; qu'ils soient des plantes, des ovipares ou des mammifères. Un être mâle comprend l'homme, les animaux et les insectes mâles, parmi lesquels les coqs, les taureaux, les lions, les tigres, les chats, etc. L'être femelle comprend la femme, les animaux et les insectes femelles, les ovipares qui se reproduisent par l'incubation des œufs, comme les oiseaux femelles, parmi lesquels les poules, les vaches, les lionnes, les tigresses, les chats, etc.

Avec cette explication de la formation de l'homme et de la femme, nous mettons fin à l'histoire mystique ou philosophique d'Adam et Ève, ou qu'Ève a été formée à partir d'une côte d'Adam.

L'énergie qui motive cette intégration dans la vie physique est la force d'empathie qui provoque l'engouement et qui est définie comme l'amour. Cette énergie cohésive que nous appelons amour est la force invisible dont Albert Einstein ne pouvait expliquer l'origine ; il l'a donc attribuée à un être invisible.

L'origine de cette énergie, qui est largement définie comme l'amour, est due à l'empathie qui provoque la chiralité.

La chiralité est formée par des images miroir ; en effet, toute la matière qui existe dans l'Univers possède une partie gauche et une partie droite. C'est ce qui produit une figure tridimensionnelle sous forme volumétrique. Par exemple, si la chiralité n'existait pas, les protéines n'existeraient pas.

Tous les acides aminés qui composent les protéines sont gauchers ; cependant, il n'existe pas de protéines qui présentent une séquence d'acides aminés gauchers et droitiers. Tous les sucres qui composent l'ADN sont droitiers ; le sucre qui forme la chaîne latérale de l'ADN est appelé ribose. Le ribose est dextrogyre, c'est-à-dire que le ribose fait tourner un rayon de lumière polarisée vers la droite. Le côté droit est relatif, car si quelqu'un regarde le rayon de l'autre côté du prisme, il verra que le ribose est gaucher ou lévogyre. Nous devons donc définir de quel côté nous observons le spin, afin d'éviter un problème de raisonnement.

Les acides aminés qui forment les chaînes de protéines sont tous gauchers ; car de cette façon, les acides aminés se font face et les liaisons hydrogène qui forment une protéine avec une configuration tridimensionnelle peuvent être formées. Si la séquence des acides aminés dans la chaîne protéique était gauche-droite-gauche-droite, les liaisons hydrogène ne pourraient pas être formées, car les acides aminés sont spatialement opposés les uns aux autres. Si les acides aminés étaient dans cette alternance, les protéines formeraient une chaîne droite ; ainsi, les protéines n'auraient pas de forme tridimensionnelle et notre corps serait allongé comme une ligne droite. Si les protéines étaient un mélange d'un acide aminé gauche suivi d'un acide aminé droit, les corps ne se seraient pas formés, car il n'y aurait pas de protéines ni d'ADN ; ou encore, le Soleil et les planètes ne seraient pas sphériques mais plats comme des disques. Si la chiralité n'existait pas, ni la vie physique ni la vie spirituelle n'existeraient, car les esprits sont également chiraux.

Ce qui lie les deux chaînes latérales de l'ADN sont les ponts hydrogène qui se forment entre les 4 bases adénine, guanine, thymine, cytokine et uracile. La chiralité ne peut être observée qu'en plaçant la forme physique devant un miroir pour observer l'image inversée du miroir.

La Terre est un globe qui a un pôle sud et un pôle nord ; le centre est l'équateur où il doit y avoir une ligne ambidextre divisant les côtés gauche et droit de la Terre.

Le visage a un côté gauche et un côté droit ; on ne peut pas utiliser l'oreille gauche sur le côté droit. On ne peut pas non plus utiliser une chaussure gauche sur le pied droit. Les mains sont également chirales, nous avons une main gauche et une main droite. Si nous regardons une molécule de cholestérol devant un miroir, nous verrons 256 formes différentes de cholestérol ; et, à chaque forme de vie correspond une forme de cholestérol, car du cholestérol nous tirons les hormones sexuelles et les sels biliaires. Ainsi, si nous mangeons la viande d'un animal frère, nous ingérerons un cholestérol qui ne nous est d'aucune utilité ; mais ce cholestérol animal a une forme similaire à notre cholestérol ; nous ne pourrons donc pas l'éliminer de l'organisme ; par conséquent, ce cholestérol étranger s'accumulera dans nos artères et le résultat pourra être une crise cardiaque.

Comme nous pouvons le constater, dans l'histoire de la science, la chiralité est devenue la réponse à plusieurs questions dont l'explication semble à première vue logique sans recours à la raison.

La chiralité dans les composés chimiques a été observée par le physicien français Jean-Baptiste Biot. Jean-Baptiste Biot a remarqué que certains composés organiques faisaient tourner le plan de polarisation d'un rayon lumineux incident vers la gauche ou vers la droite, alors que d'autres composés ne le faisaient pas. Ce n'est qu'au cours d'une étude sur la distorsion de l'activité optique causée par les sels de l'acide tartrique que le chimiste français Louis Pasteur a observé la chiralité. L'acide tartrique est la substance qui grimpe dans les tonneaux où le moût de raisin est stocké pour produire du vin.

Louis Pasteur a pu séparer les deux formes de cristaux de tartrate monosodique à l'aide de pinces et d'une loupe, et a pu démontrer par polarisation que la moitié des cristaux étaient gauches et l'autre moitié droites, de sorte que le mélange des deux cristaux ne déviait pas la lumière polarisée. Ce mélange a été appelé mélange racémique, par allusion à une grappe de raisin.

Cependant, l'explication du phénomène de chiralité était également pleine de controverses, car les chimistes allemands les plus renommés de l'époque, comme Hermann Kolbe, ne croyaient pas que les molécules des composés organiques s'arrangent dans l'espace et génèrent une image en miroir inversé.

Adolph Wilhelm Hermann Kolbe Naphtali était le rédacteur en chef d'une revue scientifique allemande. Mais dans cette histoire scientifique, nous devons l'explication du phénomène spatial des molécules chirales au chimiste néerlandais Jacobus Henricus van 't Hoff, à qui, dans une lettre, Hermann Kolbe a qualifié l'idée de Jacobus Henricus van 't Hoff de stupide. Plus tard, la science expérimentale a donné raison au Dr van 't Hoff, lorsque le dérivé d'un composé énolique a été préparé avec succès.

Bien que Pasteur ait été le premier à prouver la chiralité, il n'a pas réussi à expliquer le phénomène de la chiralité. L'explication de la chiralité est considérée comme l'une des découvertes les plus importantes de la chimie organique.

En science, la connaissance et l'imagination sont nécessaires pour expliquer les phénomènes. Alors que dans la religion, l'explication est basée sur une idée philosophique sans aucun type de raisonnement, qui est acceptée sans objection même si l'explication n'est pas logique. La vie est pleine de conflits comme dans le cas de la chiralité, car la vie est un mélange de phénomènes physiques et spirituels.

Ainsi, c'est la chiralité expliquée par le chimiste néerlandais Jacobus Henricus van 't Hoff qui a mis en colère le chimiste allemand Hermann Kolbe. Hermann Kolbe publia ce qui suit dans l'éditorial de la revue allemande Journal für Praktische :

"...dans un article récemment publié sous le même titre, j'ai fait remarquer que l'une des causes du déclin actuel de la recherche chimique en Allemagne est le manque de connaissances générales et en même temps de principes fondamentaux de la chimie. C'est avec ce manque qu'un nombre non négligeable de nos professeurs de chimie travaillent, mais ils font de sérieux dégâts à la science. L'une des conséquences de cette situation est la propagation d'une philosophie naturelle apparemment académique et cultivée, qui en réalité est triviale et stupide et qui a été supplantée il y a exactement cinquante ans par les sciences naturelles exactes. Aujourd'hui, cependant, elle réapparaît comme si elle sortait des ports du refuge des erreurs de l'esprit humain dirigé par des pseudo-scientifiques, qui veulent la faire entrer clandestinement comme une prostituée habillée à la dernière mode et fraîchement maquillée dans la bonne société à laquelle elle n'appartient pas. Quiconque pense que cela est exagéré peut lire, (s'il en est capable) le livre de M. Van't Hoff sur "L'arrangement des atomes dans l'espace" qui a paru récemment et qui nous inonde de folies fantastiques. J'ignorerais ce livre comme beaucoup d'autres, si un chimiste de notable réputation ne l'avait pris sous sa protection et ne le recommandait avec un excellent compliment. Un médecin, du nom de J. H. Van't Hoff, de la Faculté vétérinaire d'Utrecht, ne semble pas aimer les recherches chimiques exactes ; c'est pourquoi il a trouvé plus commode de chevaucher un Pégase (apparemment prêté par la Faculté vétérinaire) et de proclamer dans son livre "La Chimie Dans L'espace" comment il lui semble que les atomes sont disposés dans l'espace, alors que ce qu'il fait avec lui, c'est d'atteindre le Mont Parnasse de la chimie dans une intrépide élévation d'idées stupides".

Mais, concluons-nous, notre recherche n'a pas été facile, et le résultat n'a pas été vain ; car l'idée de la formation de l'Univers sera imprimée dans les livres de science, grâce à la recherche persistante des lecteurs. Par exemple, si la chiralité n'existait pas, la forme physique n'aurait pas été possible, même si c'est la chiralité qui génère des conflits psychologiques. Car si une personne voit qu'une particule ou quiconque tourne de gauche à droite, une autre personne de l'autre côté verra que la particule tourne de droite à gauche ; ainsi, à cause de la chiralité, nous ne saurons pas vraiment dans quel sens tournent les particules de l'Univers.

Chapitre 5

CÉLÉBRONS LA NAISSANCE DE L'UNIVERS

La distance, la matière et l'énergie électronique sont des quantités réelles, car nous pouvons les mesurer et les peser. Ces dimensions changent avec le temps, c'est-à-dire qu'il s'agit de quantités variables. La relation entre ces quantités peut être estimée par des calculs mathématiques. Par exemple, la relation entre le temps et la distance nous donnera la vitesse à laquelle nous nous déplaçons dans l'espace. La vitesse est donc un résultat réel, mais elle n'est pas une quantité tangible.

La masse magnétique et la matière électronique sont tout aussi réelles, car la masse magnétique et la matière électronique sont des énergies qui se présentent sous une forme intégrée. La matière électronique peut être pesée et change avec le temps ; mais la masse magnétique ne peut pas être pesée parce que la masse magnétique ne contient pas de matière électronique ; par conséquent, la masse magnétique ne change pas avec le temps. En outre, un esprit est un timbre énergétique qui, parce qu'il ne contient pas de matière électronique, n'interagit pas avec la matière électronique et peut se déplacer plus vite qu'un rayon de lumière.

Dans l'Univers, seuls deux types d'énergies sont produits par le mouvement : l'énergie électronique et l'énergie magnétique.

La force qui intègre l'énergie électronique pour former la matière électronique se produit de manière spontanée, ce qui, comme nous l'avons dit, peut être expliqué par la probabilité des bosons et des fermions. La force qui intègre l'énergie électronique pour former la matière électronique est la probabilité d'un boson que nous appelons gluon.

Ainsi, nous avons dû définir la force intégrant l'énergie magnétique pour former la masse magnétique comme un boson, que nous appelons urdir. Urdir est tiré du mot désignant les fils qui se tissent pour former un tissu. Dans ce cas, une chaîne est la probabilité qu'un boson intègre l'énergie magnétique.

Or, l'énergie de l'Univers a été formée par la vitesse de rotation élevée d'une quantité minimale d'énergie, c'est-à-dire ce que nous pouvons définir comme une quantité infinitésimale d'énergie électronique. Par ce mouvement, seuls ces deux types d'énergie sont produits dans l'Univers. Au même niveau d'énergie, lorsqu'une énergie électronique circule vers le haut, la prochaine énergie électronique à former doit circuler vers le bas.

Cette analyse et sa conclusion représentent le fait le plus important de la pensée universelle et de l'histoire des sciences pour l'humanité. Sachant que la matière est produite par le mouvement de l'énergie lorsque celle-ci tourne avec une grande rapidité, cette propriété de l'énergie nous fait passer d'une perspective religieuse à un raisonnement scientifique tout au long de cette histoire de la science physique et cosmologique, par rapport à toute doctrine religieuse.

L'idée que la masse naît du mouvement de l'énergie peut être visualisée de manière mathématique par une équation très simple et la règle de la main droite. Mais, peut-être, l'explication du phénomène nécessite-t-elle certaines déductions du point de vue de la logique et de l'imagination. C'est-à-dire que nous ne pouvons pas tout attribuer au phénomène physique uniquement en utilisant une expression mathématique, car nous avons besoin d'imagination pour visualiser par la logique comment le phénomène réel s'est produit, c'est-à-dire de manière physique.

La logique nous dit que, au début, il n'y avait qu'un almatrino avec la quantité minimale d'énergie que nous pouvons imaginer ; et cette quantité minimale d'énergie a commencé à se déplacer au milieu du néant. En cet instant inaugural, l'Univers a commencé à se former à partir du néant. En effet, la taille du néant était la même que celle de l'almatrino ; et la taille du néant est en train d'acquérir les mêmes dimensions que celles de l'Univers, alors que ce dernier est en expansion croissante ; et le mouvement de l'almatrino est ce qui a commencé à générer toute l'énergie qui existe jusqu'à présent dans l'Univers. Cette énergie ne cessera d'être produite tant qu'il y aura du mouvement.

Nous ne pouvons pas imaginer qu'un almatrino ait été créé par quelqu'un, car un almatrino n'a pas de dimensions physiques mesurables. C'est-à-dire que quelqu'un de très grand ne nous permettrait pas d'imaginer ou de conclure les causes qui ont motivé ce quelqu'un à créer quelque chose d'aussi infiniment petit et sans dimensions physiques qu'un almatrino. Si c'est quelqu'un qui a créé l'Univers, ce quelqu'un a dû exister et doit encore être dans le néant, mais dans le néant rien n'existe.

Un almatrino représente, du point de vue physique, le néant absolu. Un almatrino n'est que la quantité minimale d'énergie qui s'est formée dans le néant ; et l'énergie sera toujours en mouvement car c'est la définition de l'énergie, c'est-à-dire quelque chose qui bouge. Nous le déduisons de cette façon, car l'Univers est un système énergétique.

La quantité minimale d'énergie dans le monde physique est un quantum d'énergie qui a été défini par le physicien allemand Max Karl Ernst Ludwig Planck, afin de relier mathématiquement toutes les variables impliquées dans un phénomène énergétique.

Mais, l'explication du moment inaugural n'implique pas que l'énergie soit quantifiée, mais que les niveaux d'énergie peuvent être expliqués par 2 probabilités pour un événement. C'est-à-dire -1/2 +1/2. +1/2 représente les fermions dont l'énergie circule vers le haut, tandis que -1/2 représente les fermions dont l'énergie circule vers le bas. Il ne s'agit pas de quantités d'énergie quantique mais de probabilités. Mais tout système, aussi petit soit-il, doit être associé à une quantité minimale d'énergie.

Le spin d'une particule autour d'elle-même a été postulé par le physicien théoricien allemand Ralph Kronig, mais Wolfgang Pauli a qualifié la proposition de Ralph Kronig de ridicule, car la proposition de Kronig violait la théorie de la relativité d'Albert Einstein. Par conséquent, Ralph Kronig a retiré sa proposition face au prestige scientifique d'Albert Einstein et de Wolfgang Pauli.

Plus tard, Wolfgang Pauli a reconnu que Ralph Kronig avait raison, mais, s'il divise les valeurs par 2.

Par conséquent, l'énergie n'est pas quantifiée, mais la valeur de l'énergie est une probabilité.

Wolfgang Pauli a utilisé l'observation de Ralph Kronig pour énoncer un postulat : il ne peut y avoir deux électrons dont tous les nombres quantiques sont identiques. C'est ce qu'on appelle le principe d'exclusion de Pauli. Mais, nous avons déjà vu que deux almatrinos ayant des nombres quantiques égaux dans le même niveau d'énergie s'intègrent spontanément. Le principe d'exclusion de Wolfgang Pauli n'a pas de signification physique, car il s'agit d'une probabilité, et on ne peut pas donner à une probabilité le nom d'un scientifique. Il est donc nécessaire de réécrire la science.

L'Univers n'a que trois dimensions ; il n'y a donc pas de quatrième ou de cinquième dimension, ni d'espace-temps, car ces quantités n'ont aucun sens physique, même si elles peuvent avoir un sens mathématique. Car, nous pouvons extrapoler ces hypothèses mathématiquement ; mais, nous tomberons dans une ambiguïté dans quelque chose de fictif. Par exemple, mathématiquement, nous pouvons nous référer à la nième dimension ou à une valeur 'n' ; mais une dimension 'n' n'a aucun sens physique, car l'Univers n'a que 3 dimensions. Un plus grand nombre de dimensions de l'Univers prête à confusion, et conduit à la fantaisie spéculative.

Il en va de même pour la notion d'univers multiples, ou que derrière cet Univers il y a d'autres univers. Il n'y a qu'un seul néant, et au début, les almatrinos tournant dans le même sens ont été intégrés. De telle sorte qu'un nombre infini d'univers ne pouvait pas être formé.

C'est une erreur mathématique qu'a commise Albert Einstein en remplaçant le concept de nombre complexe par un terme imaginaire. Albert Einstein a conclu mathématiquement que la masse initiale m_0 de l'Univers était imaginaire, ce qui prouve que la théorie de la relativité ne peut pas être utilisée pour expliquer quelque chose de réel.

En science, il est souvent préférable de recourir à l'imagination plutôt qu'à des projections mathématiques.

Ainsi, l'équation d'Albert Einstein et de Mileva Marić ne peut pas être écrite sous forme différentielle, puisque nous ne savons pas à quoi 'm' fait référence dans cette équation. Pour Albert Einstein et Mileva Marić, la masse initiale m_0 de l'Univers est imaginaire. Mais, nous savons déjà que 'm' dans l'équation d'Albert Einstein et Mileva Marić n'est pas la masse initiale de l'Univers, mais que 'm' est la quantité initiale de matière électronique dans l'Univers.

La constante de proportionnalité n'est pas la somme de la matière électronique comme dans le cas de l'équation de la matière électronique totale d'Isaac Newton. C, est ce qu'Albert Einstein a appelé la vitesse de la lumière ; mais nous pouvons en déduire qu'à l'instant initial, il n'y avait pas de lumière, car les photons n'étaient pas formés.

Comme le disait Pierre-Simon Laplace : La théorie de Dieu ne nous permet pas de faire des projections dans le temps.

Il en va de même pour l'équation d'Albert Einstein et de Mileva Marić ; avec cette équation énergétique, nous ne pouvons pas faire de projections dans le temps.

Une description de cette recherche entre science et religion est celle faite par Napoléon Bonaparte, qui n'est pas un scientifique mais un homme politique, mais peut-être Napoléon Bonaparte cherchait-il une raison parmi les scientifiques pour prouver l'existence de Dieu. Par conséquent, Napoléon Bonaparte dit à Pierre-Simon Laplace :

"...On me dit que vous avez écrit un grand livre sur le système de l'Univers ; mais, sans mentionner une seule fois son créateur".

Et Laplace de répondre :

"...Je n'ai jamais eu besoin de cette hypothèse".

Napoléon a commenté la réponse de Pierre-Simon Laplace au mathématicien d'origine italienne Joseph-Louis Lagrange ; mais peut-être en raison de son origine italienne, la réponse de Lagrange à Bonaparte était plus accommodante :

"Ah, mon Dieu, c'est une belle hypothèse qui explique beaucoup de choses".

Il semble que Napoléon Bonaparte disposait déjà d'un argumentaire de scientifique sur l'existence de Dieu ; aussi Napoléon Bonaparte commenta-t-il à nouveau à Pierre-Simon Laplace la réponse que lui avait donnée Joseph-Louis Lagrange, et Pierre-Simon Laplace répondit à Napoléon Bonaparte :

"...si cette hypothèse peut tout expliquer, elle ne permet pas de prédire quoi que ce soit".

Nous déduisons, que, l'Univers a commencé à se former à partir de rien, seulement par un almatrino qui a commencé à se déplacer ; mais, l'almatrino avait les mêmes dimensions infinitésimales que le rien ; donc, nous pouvons dire que l'infinitésimal rien a commencé à se déplacer ; et par le mouvement du rien toute l'énergie qui existe dans l'Univers jusqu'à maintenant a été créée.

Par la rotation à grande vitesse, l'énergie électronique est devenue de la matière électronique. Le flux d'énergie électronique a créé de l'énergie magnétique ; l'énergie magnétique s'est condensée en masse magnétique qui a formé le timbre magnétique des esprits.

L'espace physique a été créé pour accueillir la matière électronique et la masse magnétique qui se formaient ; en effet, la limite du néant est infinie et s'agrandit à mesure que l'Univers s'étend, car dans le néant, rien ne s'oppose à la croissance expansive de l'Univers. C'est ainsi que l'espace s'est formé et continuera à se former vers une taille qui dépasse le temps et l'espace infinis.

Car nous ne pourrons pas atteindre un point final, puisque l'Univers croît et se forme un espace au centre du néant absolu. C'est-à-dire que l'Univers croît à un rythme accéléré sans bouger de son point initial.

Le seul point qui n'est pas en mouvement dans l'Univers est le centre de l'espace minimum où l'Univers a commencé à se former ; mais cet espace est plus petit qu'un almatrino ; nous sommes donc arrivés à l'instant et au point minimum ou au point inaugural où l'Univers a commencé à se former. Par conséquent, toutes les mesures que nous effectuons ne peuvent pas être faites de manière relative, mais de manière absolue à partir du point zéro qui se trouve au centre même de l'Univers.

Ainsi, l'équation qui a formé et qui forme encore l'Univers est $Ev=m_0C^3$, car cette équation peut être écrite sous une forme intégrée comme suit : $\Delta Ev=\Delta mC^3$. $\Delta E=E_f-E_0$, $\Delta m=m_f-m_0$. C'est-à-dire qu'avec cette équation $Ev=m_0C^3$ nous pourrons savoir quelle quantité d'énergie E_f et quelle quantité de matière m_f nous aurons à n'importe quel point ou à un point final ; bien que le point final ne soit pas atteint par l'Univers.

En ce qui concerne la vie physique sur Terre, nous pouvons dire que la matière électronique du corps sans la masse magnétique de l'esprit est sans vie, ou que la matière électronique sans la masse magnétique ne peut pas fonctionner. La matière électronique du corps reste sans vie lorsqu'elle ne dispose pas de la masse magnétique de l'esprit. Lorsque la masse magnétique est séparée de la matière électronique du corps physique, la masse magnétique de l'esprit reste vivante, c'est-à-dire qu'elle est consciente de son existence et de l'existence de son créateur, qui est évidemment l'Univers.

Ainsi, les esprits, comme l'Univers, seront éternellement éternels. Les Esprits, en étant conscients ou en se reconnaissant, reconnaissent l'existence de l'Univers ; et ils ne pourront ni s'anéantir ni se reproduire, car les Esprits n'ont pas de sexe.

Il n'y a pas non plus de quantité de chaleur par rapport aux conditions initiales de l'Univers, ni de quantité d'énergie qui puisse annihiler les esprits, car l'Univers en se développant énergétiquement diminue en température.

L'Univers ne reviendra pas non plus à son point initial ; en effet, il faut plus d'énergie pour tirer l'Univers en arrière ; c'est-à-dire que pour tirer l'Univers en arrière, il faut plus d'énergie que toute l'énergie que l'Univers a produite pour s'étendre ; par conséquent, l'Univers ne pourra pas revenir à son point initial. L'Univers se déplace vers un point situé au-delà de l'infini.

L'analyse de nos livres appartient à la forme de pensée humaine, ce ne sont plus mes livres, ce sont les vôtres en tant que lecteur, ce sont des livres qui appartiennent à la mémoire universelle de la science. Je ne pourrai donc plus me rétracter comme l'a fait Galileo Galilei.

La façon d'éditer les livres a changé depuis l'époque des Égyptiens avec "Le livre des morts" où les scribes égyptiens ont modifié la façon dont ils gravaient le livre sur les pierres tombales des pharaons. Une fois que le pharaon n'est pas mort à une date évidente, les scribes ont eu l'idée d'écrire les conseils contenus dans le Livre des morts sur un rouleau.

Grâce à cette écriture, l'esprit du pharaon était guidé, de sorte que le pharaon ne se perdait pas sur le chemin du monde physique au monde spirituel et du retour de son monde spirituel au monde physique. L'idée était qu'au retour, le pharaon serait à nouveau le même pharaon ; c'est pourquoi le pharaon était placé dans le sarcophage avec ses affaires. Mais le pharaon n'est jamais revenu pour rester le pharaon, et les pyramides égyptiennes sont restées comme un témoignage de l'histoire des allers et retours du pharaon. Le pharaon ne peut pas revenir pour rester un pharaon, car l'esprit du pharaon n'évoluerait pas en étant un pharaon tout le temps.

L'histoire raconte qu'Isaac Newton a apporté des corrections au texte original de son livre "Principia Mathematica".

Mais l'édition de livres continue à progresser, ce qui a commencé avec Galileo Galilei avec son livre "Dialogue sur deux nouvelles sciences".

Aujourd'hui, l'édition des livres est électronique, il sera donc impossible de se rétracter, car si quelqu'un a acheté un livre électroniquement, nous ne pourrons pas l'éditer.

En tant qu'auteur, je ne représente que la continuité de la pensée humaine, pour essayer d'expliquer de manière scientifique comment se sont produits les événements qui ont donné naissance au grand Univers. Tandis que vous, en tant que lecteur, représentez la continuité de la pensée imaginée logiquement. Cependant, aucune religion n'a été capable d'expliquer l'origine de l'Univers ; par conséquent, l'explication de l'origine de l'Univers par la religion sera toujours basée sur le mystique comme conséquence de la pensée philosophique.

Le seul homme religieux qui a tenté d'expliquer l'origine de l'Univers est le physicien, mathématicien et astronome belge, le révérend Georges Henry Joseph Édouard Lemaître. George Lemaître n'a pu que formuler la théorie du Big Bang ; mais, cette théorie du Big Bang ne nous fournit pas de preuves quant à l'origine de l'Univers ; en effet, la théorie du Big Bang n'explique pas d'où vient l'énergie qui a chauffé le point de départ, ni comment s'est formée une densité infinie de toute la matière qui contient l'Univers.

Ainsi, la science et la religion ont déjà suffisamment de raisonnements pour établir un parlement définitif ; et où chaque groupe peut faire valoir son point de vue sur le bon chemin à suivre pour la race humaine.

Nous ne pourrons pas non plus faire plaisir à Francis Bacon pour démontrer expérimentalement l'existence d'un almatrino ; car, à ces niveaux initiaux, il n'y a pas de dimensions physiques. Un almatrino est la quantité minimale d'énergie qui a relié le néant à ce qui est maintenant le grand Univers ; et comme nous l'avons dit, l'Univers est un système énergétique.

La formation de l'Univers est l'événement le plus merveilleux qui se soit produit dans l'histoire du néant, si l'on peut attribuer un moment d'histoire au néant. Nous devrions donc plutôt commémorer un jour par an le moment inaugural de l'Univers avec une grande joie cosmique, car les trous noirs, les galaxies, les étoiles, les soleils, les pierres, le grès, la brume, la forêt, les souches, les virus, les cellules, les oiseaux, les nids, les poissons, l'eau, l'oxygène, l'air, les vaches, les cochons, les insectes, les animaux domestiques, les êtres humains, etc. ..., c'est-à-dire tout ce qui existe et qui existera, est né et continuera à naître à cause de l'énergie qui émanait et de l'énergie qui continuera à émaner du mouvement du grand Univers.

Au moment où la séparation ou la déconnexion de la matière électronique du corps physique et de la masse magnétique de l'esprit se produit, l'esprit s'envole dans son monde spirituel de la même manière qu'un oiseau le fait sur Terre pour échapper à son prédateur. S'il ne peut pas retourner dans son corps physique, l'esprit partira dans son monde spirituel. La masse magnétique de l'esprit ne pourra revenir sur Terre sous une forme physique que si elle est assez courageuse pour recommencer, car elle devra s'incorporer dans un bébé et renaître en tant qu'être humain dans le monde physique.

LE TRAVAIL DE L'AUTEUR

Diplômé de l'École de chimie, Faculté des sciences, Universidad Central de Venezuela, avec un diplôme en technologie chimique. Études de troisième cycle en science et technologie des aliments. Travail spécial sur la chimie des produits naturels et la chimie des maladies. Concepteur de procédés chimiques. Ces livres devraient faire l'objet de révisions au fur et à mesure que nous comprenons mieux comment l'Univers s'est formé, essayez donc de lire la dernière édition de chaque livre. Ces livres sont : "La chimie du cancer". "La chimie du diabète". "La crise cardiaque". "La maladie d'Alzheimer". "La chimie de l'arthrite". "La chimie de la pensée". "La chimie de l'esprit". "Comment l'Univers s'est formé". "Les expansionnistes". "Pourquoi vous ne devriez pas manger de la viande". "Le monde micro". "Dieu existe-t-il vraiment ?". "Objection à la relativité d'Albert Einstein". "Diviner l'avenir". "L'erreur des grands scientifiques". "La vie sur le soleil". "L'univers avant le temps zéro". "L'énergie de l'esprit". "L'origine du cancer". "Le monde des cellules". "La chimie de la maladie". "La particule qui a créé l'univers". The Chemistry of Cancer, septième édition. La chimie du diabète, sixième édition ; La chimie de la crise cardiaque, quatrième édition ; "La chimie de la mémoire" ; La chimie de l'arthrite, troisième édition. "Le pouvoir créatif de l'esprit. La particule qui a formé l'Univers, troisième édition. "La masse initiale de l'Univers". "Vous ne devriez pas manger de viande". "L'origine du corps et de l'esprit". "Adorer l'Univers". "Sucre un ennemi dans la cuisine". "Le voyage dans le temps". La chimie du cancer, édition 8. La chimie du diabète, édition 7. La chimie de la crise cardiaque Edition 5. La Mémoire de l'Esprit Edition 1, La Chimie de l'Arthrite Edition 5. "La vie de l'esprit". "Réécrire la science". "Le commencement de l'univers". "La croissance spirituelle". "Couplage de l'esprit avec le corps". "L'origine de la vie". "La mort n'existe pas". La chimie du cancer, édition finale. La particule qui a créé l'univers, édition finale. "Incorporation de l'esprit au corps physique". "Je suis venu du soleil". "Maladies évitables". "L'origine de la vie sur Terre".

www.ingramcontent.com/pod-product-compliance
Lightning Source LLC
LaVergne TN
LVHW040946150826
845672LV00002B/559

9798367937459